ABHANDLUNGEN DER DEUTSCHEN AKADEMIE
DER WISSENSCHAFTEN ZU BERLIN

Klasse für Chemie, Geologie und Biologie
Jahrgang 1958 Nr. 5

WINFRIED und RENATE REMY

DIE SPOREN VON DICTYOTHALAMUS SCHROLLIANUS GÖPPERT

JEANNE DOUBINGER und WINFRIED REMY

BEMERKUNGEN ÜBER ODONTOPTERIS SUBCRENULATA ROST UND ODONTOPTERIS LINGULATA GÖPPERT

Mit 5 Tafeln und 4 Textfiguren

AKADEMIE-VERLAG · BERLIN
1958

(Aus der „Arbeitsstelle für Paläobotanik und Kohlenkunde“)

Vorgelegt von Hrn. Noack in der Gesamtsitzung vom 10. April 1958

Zum Druck genehmigt am gleichen Tage, ausgegeben am 25. November 1958

Erschienen im Akademie-Verlag GmbH, Berlin W 8, Mohrenstraße 39

Lizenz-Nr. 202 · 100/313/58
Satz, Druck und Einband: Druckhaus „Maxim Gorki“, Altenburg
Bestell- und Verlagsnummer: 2001/58/II/5
Preis: DM 4,70
Printed in Germany
ES 18 F 4

DIE SPOREN VON DICTYOTHALAMUS SCHROLLIANUS GÖPPERT

Von WINFRIED und RENATE REMY, Berlin
Mit 1 Tafel

Dictyothalamus schrollianus GÖPPERT
(Taf. 1, Abb. 1—12)

Synonyma:

Dictyothalamus schrollianus GÖPPERT: Die fossile Flora der Permischen Formation — Palaeontographica *12*, Cassel 1864/65, S. 164/65, Taf. 24, Fig. 4, 5a, 6; Taf. 25, Fig. 1.

Vorkommen:

Diese Gattung wurde von GÖPPERT (1864/65) aufgestellt und recht gut abgebildet. Sie hat der Form nach große Ähnlichkeit mit der Gattung *Schützia anomala* GEINITZ. Bei *Dictyothalamus* wissen wir über das Vorkommen erst sehr wenig und über etwa dazugehörige sterile Wedelteile gar nichts. Es werden aber auf jeden Fall *Sphenopteris*-Blätter dazu zu rechnen sein. Die klassischen Vorkommen sind, soweit der Literatur zu entnehmen ist, für *Dictyothalamus* Braunau und Ottendorf/Böhmen, Wünschendorf und Neurode/N.Schl. Neuerdings wurde diese Art auch im Rotliegenden von Plötz b. Halle gefunden.

Herr Professor NĚMEJC war so freundlich, uns auf unsere Anfrage mitzuteilen, daß *Dictyothalamus* auch bei Jilemnice am Riesengebirge vorkommt.

Beschreibung:

Das uns vorliegende und auf Sporen untersuchte Stück stammt von Ottendorf/Böhmen. Der Pflanzenrest ist in seiner Gesamtheit auf dem etwas bituminösen Schiefer gut sichtbar, doch werden Einzelheiten verwischt, da die Kohlenschicht nur noch in Spuren vorhanden ist.

Der Fruchtstand ist 8 cm lang und hat eine apikal schwach verschmälerte Achse von 3 bis 4 mm Breite. Die Achse ist quergerieft, zeigt aber außerdem eine feine Längsstreifung. An der Spitze ist der Fruchtstand kurz gegabelt und auf jedem Gabelast sitzt terminal ein köpfchenförmiges Gebilde mit den männlichen Fortpflanzungsorganen. Im übrigen ist die Achse des Fruchtstandes auf 8 cm Länge mit 8 köpfchenförmigen Gebilden besetzt, die anscheinend echt zweizeilig gestellt sind. Der Durchmesser dieser köpfchenförmigen männlichen Fortpflanzungsorgane beträgt 9 bis 10 mm. Diese Organe sind mit einem etwa 1 mm breiten unter ungefähr 30° von der Hauptachse abgehenden Stielchen befestigt. Das Stielchen, welches bis zum Mittelpunkt des Organes geht, ist 5 mm lang. Ob es keulig verdickt ist oder wie es sonst an seiner Spitze beschaffen ist, ist nicht zu sagen. Es gehen aber von der Spitze sehr viele Strahlen aus, die anscheinend alle fertil sind und Sporangien darstellen. Sterile Hüllblättchen sind nicht vorhanden und werden auch in der Literatur von anderen Stücken nicht angegeben.

Infolge der mangelhaften Erhaltung mußte auf An- oder Dünnschliffuntersuchungen verzichtet werden. Die Mazeration mit SCHULZEschem Gemisch hatte guten Erfolg. Die Größe der Sporen geht aus der Tabelle 1 hervor. Sie sind in der Regel ellipsoidisch, seltener mehr oder weniger rund (vgl. Tabelle 1).

Tabelle 1: Sporengröße bei *Dictyothalamus schrollianus* GÖPPERT von Ottendorf/Böhmen.

Sporendurchmesser	Sporenkörper	Unentwickelte Sporen ohne erkennbaren Luftsack	Y-Marke
160 : 100 μ	95 : 60 μ		
155 : 115 μ	70 : 50 μ	70 : 55 μ	nicht ausgebildet
150 : 100 μ	90 : 60 μ	65 : 50 μ	15 : 15 : 10 μ
130 : 105 μ	80 : 65 μ	60 : 50 μ	nicht ausgebildet
130 : 90 μ	70 : 50 μ	50 : 40 μ	nicht ausgebildet
125 : 85 μ	75 : 55 μ		
125 : 85 μ	70 : 55 μ		
115 : 100 μ	70 : 65 μ		
100 : 90 μ	60 : 55 μ		
80 : 50 μ	50 : 45 μ		

Wenn die Sporen ausgewachsen sind, lassen sie einen blasigen, recht grob und dick erscheinenden Luftsack erkennen, durch den der Sporenkörper auf der distalen Seite oft kaum durchscheint (Taf. 1, Abb. 4). In verschiedenen Fällen ist der Luftsack aufgerissen und der Sporenkörper herausgefallen. Eine Tetradenmarke wurde an den reifen Sporen, obwohl eine große Zahl vorliegt, nicht beobachtet. Auffallend ist der blasig und strähnig erscheinende Luftsack, der in einigen Fällen eine randliche, radiale Streifung zeigt, die aber nicht bei allen Exemplaren gleich stark zu erkennen ist (Taf. 1, Abb. 7 und 12). Vielfach ist der Saccus auch regelrecht durchlöchert.

Zur Kontrolle wurde von mehreren Sporangien Kohle zur Mazeration entnommen, dabei ließ sich erkennen, daß nicht alle Sporangien den gleichen Reifezustand haben. Es wurden mehrfach noch unreife, stark aneinanderhängende Sporen angetroffen, die auch viel kleiner sind, als die ausgereiften Sporen. Ihre Größe entspricht etwa der des Sporenkörpers der ausgereiften Exemplare. Interessanterweise haben diese unreifen Sporen fast keine Ähnlichkeit mit den reifen Exemplaren. Sie sind jedoch wie diese ebenfalls fast undurchsichtig, nur schwach durchscheinend, lassen aber nicht oder nur recht undeutlich den Luftsack erkennen. In einigen Fällen ist sogar bei degenerierten oder unreifen Sporen die Y-Marke zu sehen, so daß daraus hervorgeht, daß dieser Sporentyp von trileten Formen abstammt.

Wir haben es also, wie aus dem Bau der Sporen hervorgeht und wofür auch der gesamte Aufbau spricht, mit einem männlichen Fortpflanzungsorgan noch nicht näher ergründeter Verwandtschaft der Pteridospermen zu tun.

Die Sporen von *Dictyothalamus schrollianus* sind in der Größe praktisch nicht von denen der *Schützia anomala* verschieden (vgl. Tabelle 2).

Tabelle 2: Sporengröße bei *Schützia anomala* GEINITZ von Ottendorf/Böhmen.

Sporendurchmesser	Sporenkörper
185 : 150 μ	nicht erkennbar
165 : 140 μ	105 : 100 μ
150 : 120 μ	100 : 85 μ
130 : 100 μ	70 : 60 μ
125 : 120 μ	70 : 85 μ
125 : 85 μ	70 : 45 μ

Der Luftsack (Saccus) ist bei beiden Gattungen recht dick und wenig durchscheinend. Die Struktur, soweit sie überhaupt erkannt werden kann, erscheint „blasig", vielleicht durch eine mehr oder weniger netzförmige Stäbchenschicht in der Exoexine (Taf. 1, Abb. 6). Diese Ansicht könnte ihre Stütze in der manchmal sichtbaren radialen Streifung der Randpartie des Luftsackes finden. Bei beiden Gattungen kommt eine auffallende Perforierung des Saccus vor. Ob es sich dabei um eine primäre Erscheinung oder um einen Erhaltungszustand handelt, ist noch unklar. Interessanterweise lassen sich auch in der Entwicklung der Sporen Parallelen zwischen beiden Gattungen finden. Soweit sich aus dem vorliegenden Material entnehmen läßt, reiften nicht alle Sporangien bzw. evtl. sogar nicht einmal die Sporen eines Sporangiums gleichzeitig. Es ist aber eher anzunehmen, daß der Reifegrad der einzelnen Sporangien untereinander verschieden war. Auf jeden Fall kommen an einem Fruchtstand völlig unreife oder auch degenerierte und ausgereifte Sporen vor.

Das zweite uns zur Untersuchung vorliegende Stück von *Dictyothalamus* stammt aus einer Bohrung im Plötz-Löbejüner Raum. Nach der z. Z. gültigen Abgrenzung von Stefan und Rotliegendem in diesem Gebiet gehören die Schichten, in denen *Dictyothalamus* in dieser Bohrung vorkommt, zum Rotliegenden. Besonders interessant ist für uns die Tatsache, daß auch dieses Exemplar von *Dictyothalamus* an der Spitze kurz gegabelt ist (Taf.1, Abb. 3). Das Stück ist auf 4 cm Länge erhalten. Die Achsenbreite beträgt 3 mm. Die Achse läßt sehr deutlich die Querstreifung erkennen. Insgesamt sind nur 3 Köpfchen erhalten, die sich nicht direkt berühren. Der Durchmesser der Köpfchen beträgt etwa 8 mm. Von den Stielchen, mit denen sie angeheftet sind, ist nichts zu erkennen; die Stielchen können aber nur wenig länger als die Sporangien gewesen sein, da die Köpfchen recht dicht an der Achse anliegen. Auch bei diesem Stück sind keine sterilen Hüllblättchen vorhanden. Dünn- oder Anschliffuntersuchungen verbieten sich, da kein sichtbarer Kohlenbelag vorhanden ist. Aus diesem Grunde mußte auch der Mazerationsversuch unterbleiben.

Was die bei beiden Stücken terminal liegende Gabelung der Achse betrifft, so sei auf ein Stück von *Schützia* hingewiesen, welches wir in der Sammlung von Herrn O. GIMM/Elgersburg fanden. Dieses Stück zeigt ebenfalls eine terminal liegende Gabelung. Die Gabelung an sich ist bei *Schützia* nichts Unbekanntes, schon GOTHAN (1937) hat darauf hingewiesen, und wir haben in den letzten Jahren mehrere Stücke mit Gabelung gesehen. Diese Stücke waren aber alle mehr oder weniger schon basal und nicht erst an der Spitze gegabelt.

Systematische Stellung:

Dictyothalamus schrollianus hat, wie schon weiter vorn mehrfach betont, habituell große Ähnlichkeit mit *Schützia anomala* GEINITZ. Als Übereinstimmungen sind rein äußerlich die relativ dicke Achse, die sowohl bei *Schützia* als auch bei *Dictyothalamus* mit einer Gabelung enden kann, zu nennen. Die Gabelung ist auch bei den sterilen Wedelteilen der *Sphenopteris germanica*, zu der *Schützia* als Fruktifikation gehören soll, vorhanden. Beide Fruktifikationen sind zweizeilig aufgebaut und haben, wenn man die Sporen zum Vergleich mit heranzieht, als auffallendes Merkmal einen Luftsack. Um auf die Gabelung zurückzukommen, sei besonders darauf hingewiesen, daß beide uns vorliegenden Exemplare von *Dictyothalamus* die Gabelung erkennen lassen. Bei GÖPPERT (1864—65) ist kein Exemplar mit Gabelung abgebildet, auch im Text wird nicht auf eine etwa vorhandene Gabelung hingewiesen.

Hier sei rückblickend auf die Auffassung GÖPPERTS (1864—65) über *Schützia* und *Dictyothalamus* hingewiesen. Er hat die generelle Ähnlichkeit beider Fruktifikationen erkannt, deutet aber beide als Samenstände, obwohl er bei der Beschreibung von *Dictyothalamus* mit dem Gedanken spielt, daß ein Organ männlich und das andere weiblich sein könnte. Durch unsere Mazerationen steht aber eindeutig fest, daß sowohl *Schützia* als auch *Dictyothalamus* männliche Organe sind.

In der Arbeit von REMY und RETTSCHLAG (1954) ist außer der Beschreibung der Sporen von *Schützia* auch zur Definition und Abgrenzung der Gattungen *Schützia, Paracalathiops* und *Calathiops* Stellung genommen worden.

Diesen Gattungen kann *Dictyothalamus* zunächst gleichwertig gegenübergestellt werden. Nach unseren Untersuchungen muß die Gattung auf Grund der im Vergleich mit den drei oben genannten Gattungen ganz anders gebauten Sporangienaggregate aufrechterhalten bleiben. Wenn man die Sporen zum Vergleich heranzieht, scheinen *Dictyothalamus* und *Schützia* enger verwandt zu sein. Auch die querriefige Achsenstruktur als anatomisches Merkmal bei beiden Gattungen spricht dafür. Die zur schärferen Fassung der Diagnose recht wünschenswerte Untersuchung der Epidermisstruktur konnte an dem uns vorliegenden Material nicht durchgeführt werden.

Diagnose:

Dictyothalamus schrollianus GÖPPERT: Bis 8 cm lang werdende männliche Fruchtstände mit zweizeiligem Aufbau. Hauptachse relativ dick und mehr oder weniger deutlich quergestreift. Eine feine Längsstreifung, die die Querstreifung überlagert, ist meist nur wenn die Kohlenschicht erhalten ist zu erkennen. Die Hauptachse kann (?stets terminal) dichotom gegabelt sein. An ihr sitzen an kurzen Stielchen kugelförmige Sporangienstände, deren Einzelsporangien anscheinend radialstrahlig angeordnet sind. Anzahl der Sporangien sehr groß (sicher wesentlich mehr als 100 pro Sporangienstand). Die kugeligen Sporangienstände stehen so dicht, daß sie sich fast berühren. Sporen mit Luftsack und in der Jugend mit *Y*-Marke.

ZITIERTE LITERATUR

GÖPPERT, H. R., Die fossile Flora der Permischen Formation. Palaeontographica 12, Cassel 1864/65.

GOTHAN, W., Zwei interessante Funde von Rotliegendpflanzen in Thüringen. Jahrb. Pr. Geol. L.A. für 1936, 57, Berlin 1937, S. 507—513

REMY, W., und R.RETTSCHLAG, Neue Untersuchungen über die Pollen von *Schuetzia anomala* H. B. GEINITZ. Geologie, Jg. 3, H. 5 (Festschrift WALTHER GOTHAN), Berlin 1954, S. 582—589.

TAFELERKLÄRUNGEN

Tafel 1

Abb. 1—12. *Dictyothalamus schrollianus* GÖPPERT.

Abb. 1. Fruchtstand mit schlecht zu erkennender terminaler Gabelung. Ottendorf in Böhmen. Nat. Gr.

Abb. 2. Ausschnitt aus Abb.1. Einzelner kugeliger Sporangienstand mit dem bis in die Mitte des Sporangienaggregates reichenden Stielchen. Man erkennt, daß die Sporangien mehr oder weniger strahlig angeordnet sind. 3 : 1.

Abb. 3. Fruchtstand mit deutlich sichtbarer terminaler Gabelung. Man sieht deutlich die Querstreifung der Achse. Löbejün (Hallesche Mulde). Nat. Gr.

Abb. 4—12. Sporen aus dem Fruchtstand von Ottendorf in Böhmen.

Abb. 4. Spore. Man erkennt sehr deutlich den Saccus und seine Lage zum Sporenkörper.

Abb. 5, 7 und 12. Sporen von der proximalen Seite. Der Sporenkörper ist deutlich erkennbar.

Abb. 6. Spore von der ?distalen Seite. Der Sporenkörper ist nicht erkennbar und anscheinend aus dem Saccus herausgerissen.

Abb. 8 und 9. Unentwickelte Sporen. Bei 8 ist am unteren rechten und am oberen linken Rand der Saccus schwach zu erkennen. Bei Abb. 9 ist der Saccus nicht zu erkennen. Die rechte Spore zeigt eine große *Y*-Marke.

Abb. 10. Kleine Spore. In den Proportionen von Sporenkörper und Saccus voll entwickelt.

Abb. 11. Ausschnitt aus einem Sporenhaufen mit ebenfalls unentwickelten Sporen mit deutlichem Saccus.

Alle Sporen sind 500fach vergrößert

Die Fotos zu Abb. 1 und 3 wurden von Herrn Haupt, die übrigen von W. Remy mit Kleinbildkamera Exakta Varex angefertigt.

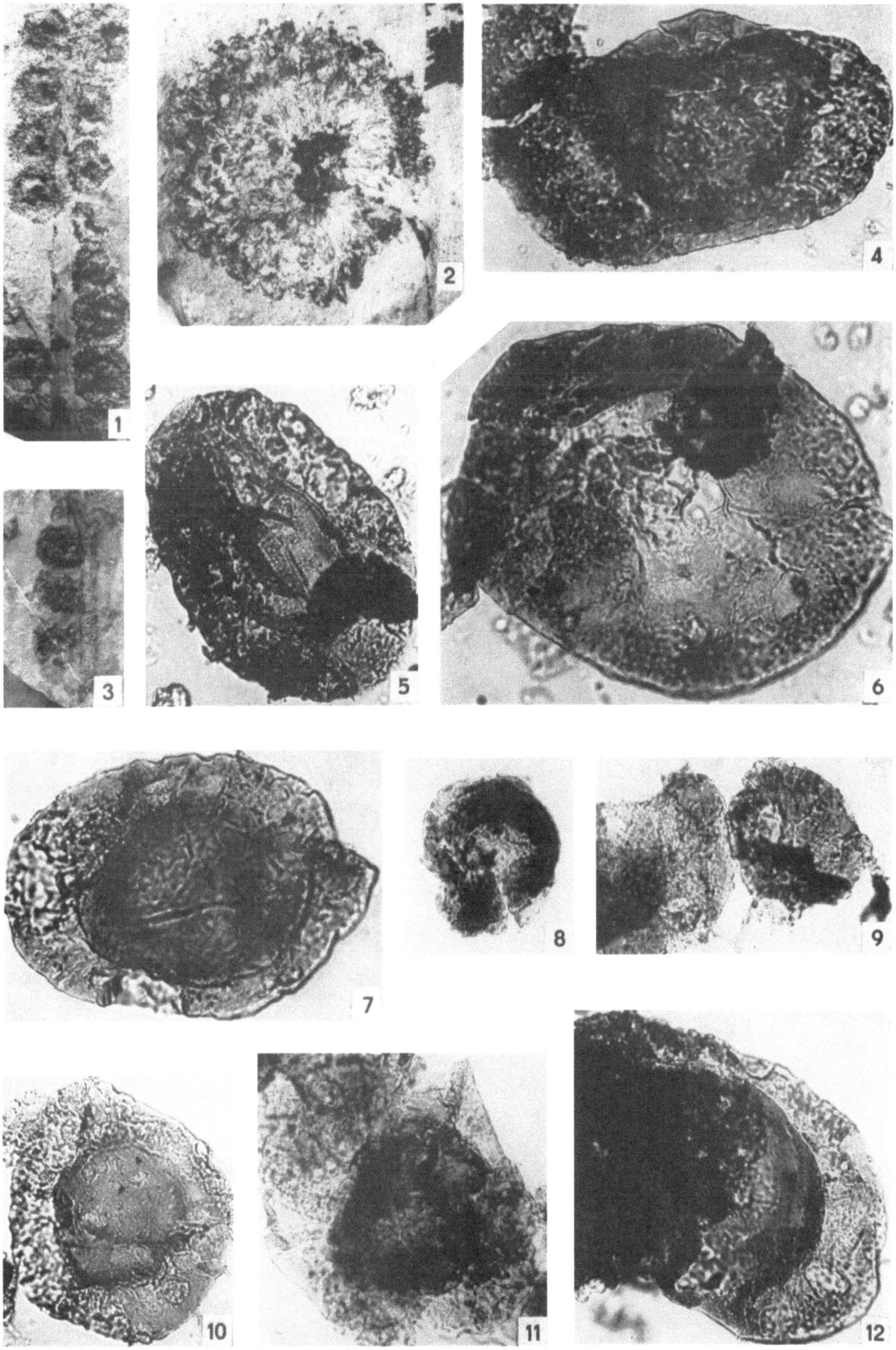
1
2
3
4
5
6
7
8
9
10
11
12

BEMERKUNGEN ZU ODONTOPTERIS SUBCRENULATA ROST UND ODONTOPTERIS LINGULATA GÖPPERT

Von JEANNE DOUBINGER, Toulouse, und WINFRIED REMY, Berlin
Mit 4 Tafeln und 4 Textfiguren

Bei der gemeinsamen Durchsicht des Sammlungsmaterials in Toulouse und Decazeville und vorher schon in anderen französischen Sammlungen fiel auf, daß die bisher als *Odontopteris subcrenulata* bezeichnete Form mit großem und geschlossenem Endlappen in Frankreich fast gar nicht vorkommt. Dagegen ist die in der Arbeit von DOUBINGER & VETTER 1957 genannte *Odontopteris subcrenulata* — in beiden Varietäten — von dieser Art verschieden. Es soll daher unter Berücksichtigung des in der Deutschen Akademie der Wissenschaften zu Berlin vorhandenen Materials und unserer Beobachtungen in anderen Sammlungen versucht werden, zunächst *Odontopteris subcrenulata* genau zu definieren.

Odontopteris (alias: *Neuropteris, Mixoneura*) *subcrenulata* ROST
(Taf. 2, Abb. 1—5; Taf. 3, Abb. 1).

Synonyma:

Neuropteris subcrenulata ROST: De filicum ectypis obviis in lithanthracum Vettinensium Lobeiunensiumque fodinis. Halle 1839, S. 22 (ohne Abbildung).

Neuropteris subcrenulata ROST: GERMAR, Die Versteinerungen des Steinkohlengebirges von Wettin und Löbejün im Saalkreis. Halle 1844, Fasc. I, Taf. 5, Fig. 1—4.

Diese Art ist zunächst auf Grund des in Wettin und Löbejün gefundenen Materials aufgestellt worden. ROST (1839) gibt keine Abbildung, doch hat sein Lehrer GERMAR (1844) seine Art in der Flora von Wettin und Löbejün in recht typischen Stücken abgebildet. Die Originalstücke bzw. Gegendrucke zu GERMARS Taf. 5, Abb. 1, 2 u. 4 wurden von uns ebenfalls untersucht.

Beschreibung:

Odontopteris subcrenulata ROST: Wedel mindestens zweimal gefiedert, Achse dick und schwach längsstreifig, Fiederachse bis fast zur Spitze der Fieder vorletzter Ordnung deutlich, mehr oder weniger gleichstark bleibend und z. T. schwach aufwärts gekrümmt. Fieder vorletzter Ordnung bis etwa 9 cm lang und mit etwa 8 Blättchen, die sich bis zu einem Viertel ihrer Breite decken können, besetzt. Die anadromen Fiederchen stehen mit ihren Längsachsen der Hauptachse des zweimal gefiederten Wedels fast parallel. Der Winkel zwischen der Hauptachse und der Fiederachse beträgt annähernd 70°. Die Blättchen sind etwa 10 mm lang und bei dieser Länge ungefähr 8—10 mm breit und mit der ganzen Basis angewachsen. Sie sind kaum an der Achse herabgezogen und an der anadromen Seite schwach eingezogen, so daß sich ein rundlich-trapezförmiger Umriß ergibt. Die Aderung ist typisch odontopteridisch, täuscht jedoch häufig durch Bündelung eine Mitteladerregion vor. Die Adern sind fein, dicht und gegabelt (Textfig. 1). Die Endfieder der normalen Fieder vorletzter Ordnung ist kurz, nur zwei- bis dreimal so lang wie die Fiederblättchen und etwas asymmetrisch lappig. Die Basalblättchen der Fiedern vorletzter Ordnung sind in den Winkeln an die Hauptachse „gequetscht" und können daher auf oder unter der Hauptachse liegen (Taf. 2, Abb. 5). Neben diesen Normalblättchen der Fiedern, die an den etwas stärkeren Wedelachsen von etwa 8—9 mm ansitzen, kommen in der durch die dünneren Achsen gekennzeichneten Spitzenregion bzw. mehr an der Basis der Wedel ebenfalls an den dünneren Achsen der Fiedern vorletzter Ordnung davon abweichende, mehr zungenförmige Blättchen vor (Taf. 2, Abb. 2). Diese können nach dem von GERMAR bei Wettin gefundenen Material und auch nach den in Frankreich in Decazeville gefundenen Stücken zungenförmig bis im extremen Fall typisch neuropteridisch aussehen. (Vgl. Abbildungen bei GERMAR, Fasc. I, Taf. 5, Fig. 3 und 4.)

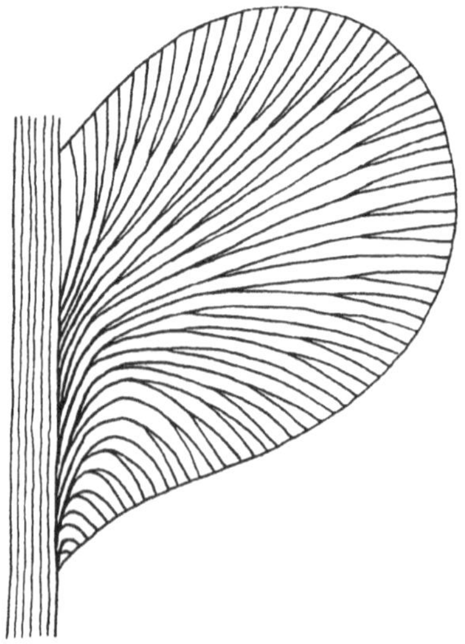

Figur 1. Halbschematische Zeichnung eines Blattes und der Aderung von *Odontopteris subcrenulata* ROST var. *subcrenulata* 5 : 1.

Die zungenförmigen Blättchen bzw. der zungenförmige Endlappen können nach dem uns vorliegenden Material bis maximal 4 cm lang und 1,5 cm breit werden. Diese Blättchen teilen sich aber recht bald auf und schnüren die schon weiter vorn beschriebenen „Normalfiedern" ab. Dabei können, wie Abb. 2 auf Taf. 2 zeigt, in der Übergangsregion Blättchen auftreten, die an die weiter unten beschriebene *Odontopteris lingulata* GÖPP. erinnern. Anscheinend an den mehr basalen Wedelpartien können längliche Blättchen sitzen, die bei etwa 12 mm Breite bis 20 mm lang werden können. Diese Blättchen bilden mehr oder weniger kurze aber relativ breite, zwischenfiederartige, einfach gefiederte Aggregate, die durch ihre Größe auffallen (Tafel 2, Abb. 3). Diese Fiederaggregate sind für das Wettin-Löbejüner Material recht typisch, während sie in Frankreich anscheinend nie beobachtet wurden. Ganz allgemein ist für die echte *Odontopteris subcrenulata* ROST aus dem Wettin-Löbejüner Raum, die, da Varietäten aufgestellt worden sind, als *Odontopteris subcrenulata* ROST var. *subcrenulata* bezeichnet werden muß, besonders charakteristisch, daß sich die Blättchen und auch die Fiedern vorletzter Ordnung seitlich schwach decken (Textfig. 2). Diese Erscheinung gibt einem etwas größeren Wedelstück ein ganz charakteristisches Aussehen und unterscheidet diese Art neben den anderen weiter oben angegebenen Merkmalen deutlich von *Odontopteris lingulata* GÖPPERT.

Für die Festlegung des Typus von *Odontopteris subcrenulata* ROST var. *subcrenulata* ist das Originalmaterial von GERMAR im Geologisch-Paläontologischen Institut der Martin-Luther-Universität Halle (GERMAR 1844, Fasc. I, Taf. 4, Abb. 1—4) sowie als wichtige Ergänzung das auf Tafel 2, Abb. 1—5; Tafel 3, Abb. 1 abgebildete Material aus der Sammlung der Arbeitsstelle für Paläobotanik und Kohlenkunde der Deutschen Akademie der Wissenschaften zu Berlin maßgebend.

Odontopteris subcrenulata ROST var. *subcrenulata* kommt in Deutschland in Wettin und Löbejün im höheren Stefan vor. Wir kennen sie aber auch aus Frankreich aus dem oberen Stefan C des Zentralplateau (Massif Central) von Decazeville. Aus Böhmen vom Julius-Schacht bei Rossitz (cf. NĚMEJC 1949, Taf. 5, Fig. 13/14), ebenfalls aus dem oberen Stefan, ist eine sehr ähnliche Form bekannt.

Diese von Rost aufgestellte, anscheinend ein gutes Oberstefan-Leitfossil darstellende Art ist von Doubinger & Vetter 1957 leider nicht behandelt worden. Ohne Kenntnis des Originalmaterials von Wettin, nur an Hand des Materials des Zentralplateau ist die Untersuchung dieser Art auch sehr schwierig. Beide von Doubinger & Vetter beschriebenen Varietäten der *Odontopteris subcrenulata* Rost sind von der im Wettin-Löbejüner Raum vorkommenden Art etwas verschieden. Daher ist leider auch die von Doubinger & Vetter als *Odontopteris subcrenulata* Rost „typique" angesprochene Form nicht die am locus typicus vorkommende Varietät und somit nicht als typische *Odontopteris subcrenulata* Rost zu betrachten. Nach den bisherigen Untersuchungen hat es den Anschein, als ob diese Varietät im deutschen Stefan überhaupt nicht vorkommt. Bruchstücken nach zu urteilen wäre es jedoch möglich, daß sie im Unterrotliegenden Thüringens, z. B. bei Oberhof, und in Böhmen, z. B. bei Hohenelbe, gefunden wurde.

Da deutliche Abweichungen von *Odontopteris subcrenulata* Rost var. *subcrenulata* festzustellen sind, ist dieses Material, da es uns für die Aufstellung einer neuen Art zur Zeit nicht

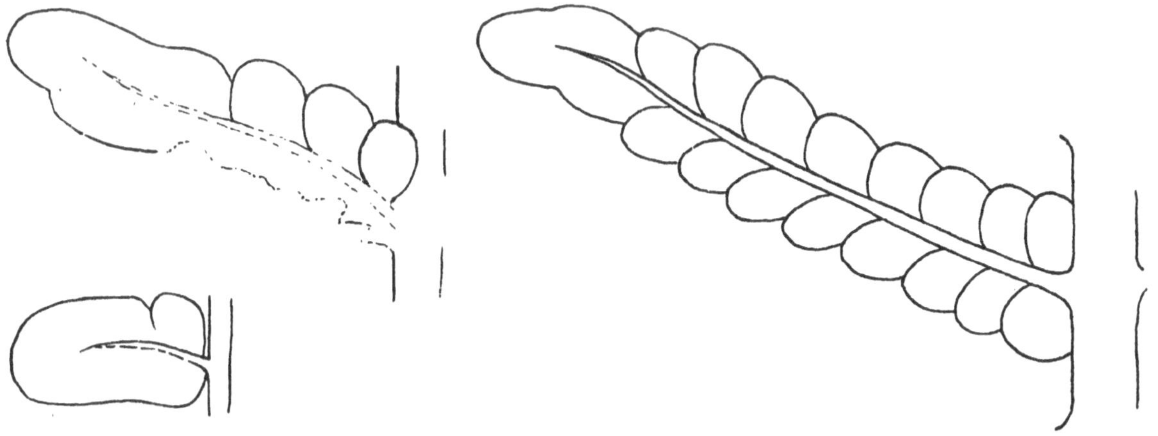

Figur 2. Halbschematische Umrißzeichnungen von Fiedern vorletzter Ordnung von *Odontopteris subcrenulata* Rost var. *subcrenulata*. Nat. Gr.

als ausreichend erscheint, als neue Varietät zu betrachten. Diese neue Varietät soll *Odontopteris subcrenulata* Rost var. *gallica* n. var. genannt werden.

Beschreibung:

Odontopteris subcrenulata Rost var. *gallica* n. var. (Taf. 3, Abb. 2).

Die Varietät *Odontopteris subcrenulata* var. *gallica* n. var., die schon habituell von der *Odontopteris subcrenulata* Rost var. *subcrenulata* und auch von *Odontopteris lingulata* Göppert abweicht, kann an Hand des in Frankreich speziell im obersten Stefan von Decazeville gefundenen Materials folgendermaßen gekennzeichnet werden:

Wedel mindestens dreimal fiederig aufgebaut. Nach einem besonders schönen Stück von Decazeville scheint der Wedelbau dem der *Odontopteris minor* (siehe Zeiller 1900, S. 100, Fig. 73) zu entsprechen. Das Stück läßt deutlich eine Achsengabelung erkennen. Der Außenast trägt zweimal fiederige Belaubung, während die des Innenastes nur einmal gefiedert ist. Die Achsen sind starr, längsgestreift und werden bis 20 mm breit. Die „Hauptachse" hat zwischen den zweifach gefiederten Seitenfiedern zwei bis drei kurze Zwischenfiederchen. Diese Zwischenfiedern sind neuropteridisch, von rundem bis ovalem Umriß und ganzrandig.

Bei dem dieser Variation zugrunde gelegten Stück von Doubinger (1956, Taf. 14, Abb. 1) sitzen die Fiedern vorletzter Ordnung schwach aufwärts geneigt an den Hauptachsen; sie sind relativ breit und kurz. Sie bestehen aus in der Regel nicht mehr als zwei bis drei Blättchen und dem zungenförmigen Endlappen. Das Basalblättchen ist kaum abweichend gestaltet. Die normalen Blättchen stehen nicht so dicht wie bei *Odontopteris subcrenulata* ROST var. *subcrenulata* und überdecken sich daher auch nicht. Die Blättchen stehen mehr oder weniger senkrecht, nur schwach nach vorn gebogen, von der Achse ab und sind an der Basis schwach eingezogen. Die Aderung ist typisch odontopteridisch, d. h. die Adern entspringen parallel nebeneinander aus der Fiederachse. Sie sind mehrfach gegabelt und schwach gebogen. In den basalstehenden Blättchen der Fieder vorletzter Ordnung sind die Adern etwas gebündelt, so daß sie von einer undeutlichen Mitteladerregion auszustrahlen scheinen. Das Endfiederchen ist breit zungenförmig, manchmal etwas dreieckig und meist nicht besonders geradlinig begrenzt und, bei etwa 20—23 mm Breite und 29—38 mm Länge, recht kurz (Taf. 3, Abb. 2). Die Adern der Endfieder stehen locker, sie sind gegabelt, relativ kräftig und gleichmäßig gegen den Rand gekrümmt, den sie etwa rechtwinklig treffen. Die Mittelader, die aus der Fiederachse hervorgeht, ist bis zur Hälfte bzw. bis zu drei Vierteln der Fiederlänge vorhanden. Das anadrome Basalfiederchen ist an der Basis stark eingeschnürt und hat einen gleichmäßigen ovalen Umriß. Auch bei dieser Fieder ist keine Mittelader vorhanden. Die Adern krümmen sich regelmäßig gegen den Rand. Das katadrome Basalblättchen hat einen fast trapezförmigen Umriß und steht in dem Winkel der Achsen vorletzter und letzter Ordnung. Bei diesem Blättchen ist manchmal eine undeutliche Mitteladerregion ausgebildet.

Außerdem wird von DOUBINGER[1]) das von VETTER (1956, Taf.1, Fig.2) abgebildete Stück zu dieser Art gerechnet. Es ist etwas zarter gebaut und erinnert an das bei ZEILLER (1906, Taf. 25, Fig. 1) dargestellte Exemplar. Für die Festlegung des Typus von *Odontopteris subcrenulata* ROST var. *gallica* n. var. ist das Original bei DOUBINGER (1956, Taf. 14, Abb. 1), welches bei uns auf Taf. 3, Abb. 2 vollständiger abgebildet ist, maßgebend. Das Typus-Stück wird in der Sammlung der Steinkohlengruben von Decazeville aufbewahrt.

Im Gegensatz zur *Odontopteris subcrenulata* var. *gallica* n. var. haben DOUBINGER & VETTER (1957) die Varietät *Odontopteris subcrenulata* var. *elongata* aufgestellt, ohne jedoch ein Stück als Typus zu nennen oder abzubilden, was hiermit nachgeholt werden soll. Der Typus stammt aus dem oberen Stefan von Decazeville (Taf. 4, Abb. 1) und wird in der Sammlung der Steinkohlengruben von Decazeville aufbewahrt. Diese Varietät ist aber ebenfalls aus dem mittleren Stefan von Saint-Etienne und von La Grand'Combe (Gard) bekannt. Sie ist dort von GRAND'EURY (1890), ZEILLER (1890) und P. BERTRAND (in der Sammlung) entweder als *Odontopteris lingulata* oder als *Odontopteris obtusa* bezeichnet worden.

Zwei besonders gut erhaltene Exemplare befinden sich in der Sammlung der École des Mines, in Paris und im Geologischen Institut der Universität von Montpellier, beide sind von La Grand'Combe (Gard Becken). Die Abgrenzung der Varietäten ist nach dem französischen Material klar und praktisch ohne Übergänge möglich. Im deutschen Stefan scheint die var. *elongata* nicht vorzukommen.

Beschreibung:

Odontopteris subcrenulata ROST var. *elongata* DOUBINGER & VETTER (Taf. 4, Abb. 1 und 2).

Wedel zweimal (wahrscheinlich dreimal) gefiedert und sehr groß; Hauptachse unbekannt. Das Stück der École des Mines (Paris) stellt wahrscheinlich eine doppeltgefiederte Fieder vor, die an der Außenseite eines Gabelastes stand. Sie ist bis auf das fehlende Endblättchen vollständig. Ihre Länge von 34 cm läßt auf eine große Ausdehnung des Wedels schließen. Die Achse vorletzter Ordnung ist starr, längsgestreift, verhältnismäßig breit (10 mm an der Basis) und verschmälert sich langsam der Spitze zu, wo sie noch 1,5 mm breit ist. Sie trägt

[1]) Eine Meinung, der sich REMY nicht voll anschließen möchte.

auf beiden Seiten ungefähr 24 Fiedern. Diese Fiedern sind an der Basis sehr einfach und bestehen aus 2 Blättchen und einem Endlappen; sie werden nach und nach länger und tragen in der Mittelregion 6—8 Fiedern (Taf. 4, Abb. 2); nach der Spitze zu nehmen sie rasch ab und werden schließlich durch große, ungegliederte, ganzrandige Blättchen ersetzt, die mit der ganzen Basis, etwas an der Achse herablaufend, ansitzen. Der Gesamtumriß dieser großen Fieder ist oval-lanzettförmig.

Diese Varietät *elongata* unterscheidet sich von der Varietät *gallica* n. var., wie sie in Frankreich vorkommt (DOUBINGER, 1956; DOUBINGER & VETTER, 1957), durch folgende Merkmale:

Die Achse vorletzter Ordnung ist dünner, die Fiedern vorletzter Ordnung sind durchschnittlich bedeutend länger. Die Fiederchen stehen locker, berühren sich seitlich nicht und überdecken sich nie; sie sind oft zweimal so lang wie breit. Die Adern entspringen einer basalen Mitteladerregion und krümmen sich seitlich gegen den Blattrand. Bei den größten Fiederchen besteht deutlich die Neigung, eine kurze Mittelader auszubilden. Das Endfiederchen ist bei ungefähr gleicher Länge schmaler als bei der von DOUBINGER & VETTER als typisch (= *O. subcrenulata* var. *gallica* n. var.) beschriebenen Form; es ist auch schärfer zugespitzt. Die anadromen und katadromen Basalblättchen sind rundlich-oval, neuropteridisch ansitzend und schließen sich den normalen Blättchen an. Die Adern strahlen von einem basalen Mittelpunkt aus. Für die Festlegung des Typus dieser Varietät ist das Stück auf Taf. 3, Abb. 1 aus der Sammlung der Steinkohlengruben von Decazeville maßgebend.

Von der rechten *Odontopteris subcrenulata* ROST var. *subcrenulata*, wie sie in Wettin-Löbejün vorkommt, unterscheidet sich die Varietät *elongata* durch die lockerer gestellten, etwas längeren Blättchen und den längeren Endlappen der Fieder vorletzter Ordnung.

Diese Diagnosen führen zu folgenden Ergebnissen: *Odontopteris subcrenulata* ROST kommt im Stefan und Rotliegenden in drei Varietäten vor:

1. Die der Originalbeschreibung von ROST und GERMAR zugrunde liegende Form wird an ihrem „locus typicus", in Wettin und Löbejün (oberes Stefan) gefunden. Sie ist mit großer Wahrscheinlichkeit auch im oberen Stefan von Decazeville und Blanzy, sowie im oberen Stefan des Julius-Schachtes bei Rossitz in Böhmen vorhanden.

2. Die von DOUBINGER & VETTER (1957) als „typisch" beschriebene und von uns jetzt als var. *gallica* n. var. bezeichnete Varietät ist im oberen Stefan von Decazeville und Blanzy häufig. Sie ist uns weiterhin bekannt aus dem Unterrotliegenden (Autunien) von Autun, Brive und Lodéve; im Unterrotliegenden von Thüringen (Oberhof) ist ihr Vorkommen noch zweifelhaft.

3. Die Varietät *elongata*, schon im mittleren Stefan vom Gard und von St. Etienne bekannt, befindet sich dennoch auch im oberen Stefan von St. Etienne und Decazeville. In Deutschland ist sie bis jetzt noch unbekannt.

Die Varietäten von *Odontopteris subcrenulata* ROST sind daher wie folgt zu bezeichnen:

1. *Odontopteris subcrenulata* ROST var. *subcrenulata*.
2. *Odontopteris subcrenulata* var. *gallica* n. var.
3. *Odontopteris subcrenulata* var. *elongata* DOUBINGER & VETTER.

Odontopteris lingulata GÖPPERT
(Taf. 4, Abb. 1—3)

Synonyma:

Neuropteris lingulata GÖPPERT; Die Gattungen der fossilen Pflanzen. Bonn 1841/46, Lief. 5—6, S. 104—105, Taf. 8, Fig. 12 und 13.

Die im deutschen Unterrotliegenden in Thüringen und im Saarbecken vorkommende *Odontopteris lingulata* GÖPPERT ist von der Art *Odontopteris subcrenulata* ROST auf jeden

Fall auszuschließen. Sie stellt eine eigene Art dar, was neben eindeutigen morphologischen Unterschieden auch durch das regionale und stratigraphische Vorkommen unterstrichen wird. In Frankreich scheint diese Art nicht vorzukommen; sie ist in Deutschland auf das Unterrotliegende beschränkt. Ihr Vorkommen in den mittleren Saarbrücker Schichten (liegende Flammkohle), wo sie POTONIÉ (1904) unter der Bezeichnung *Odontopteris subcrenulata* angibt, wurde von P. BERTRAND (1930) nicht bestätigt. Diese Art, über deren Benennung im folgenden noch gesprochen wird, ist wie folgt zu definieren:

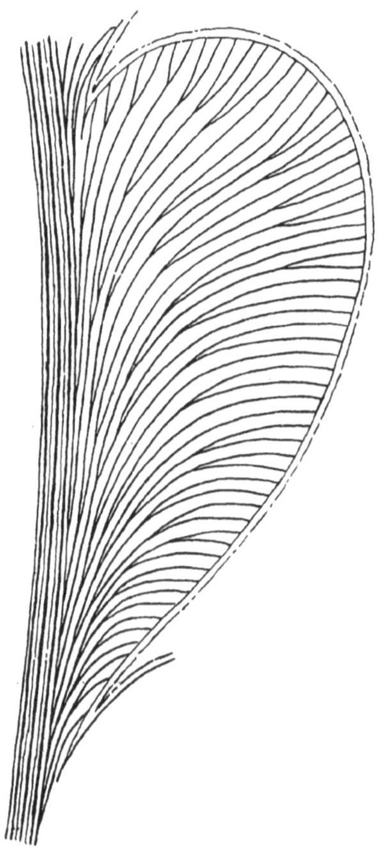

Figur 3. Halbschematische Zeichnung eines Blattes und der Aderung von *Odontopteris lingulata* GÖPPERT. 5 : 1.

Die Wedel sind mindestens dreifach gefiedert und zeichnen sich durch typisch odontopteridische Fiedern letzter Ordnung aus. Der Umriß der normalen Fiedern letzter Ordnung ist wie die Abb. 1—3, Taf. 5 und die Texfiguren 3 und 4 zeigen, recht charakteristisch. Die Fieder sitzt mit der ganzen Breite an, wobei der anadrome Rand eingezogen ist, während der katadrome Rand spitzauslaufend an der Achse herabläuft, so daß die Fiedern sehr schief anzusitzen scheinen. Eine Mittelader ist auch nicht andeutungsweise ausgebildet, vielmehr sind alle Adern ganz regelmäßig und gleichwertig ausgebildet und entspringen in den unteren zwei Dritteln der Blättchen mehr oder weniger parallel nebeneinander sehr spitzwinklig der Achse (Textfig. 3). Sie sind in ihrem weiteren Verlauf gegabelt und krümmen sich, so daß die mittleren an ihrem Endpunkt etwa senkrecht zur Achse stehen, während besonders die die apikale Blatthälfte durchziehenden Adern in ihrem Endpunkt etwa in einem Winkel von 45° zur Achse stehen. Der Endlappen ist bei dieser Art sehr lang, im Vergleich zu den Blättchen schmal und auffallend parallelrandig begrenzt. Er wird auf dreiviertel seiner Länge von einer Mitteladerregion, die aus der Fiederachse letzter Ordnung hervorgeht, gebildet. Die Seitenadern verlaufen schwach gekrümmt gegen den Rand, den sie praktisch nie im rechten Winkel treffen. Die Adern sind gegabelt und sehr fein. Das katadrome Basalblättchen fügt sich den normalen Blättchen an, unterscheidet sich jedoch durch seine Größe und seinen Umriß von den übrigen Fiederblättchen. Es hat einen trapezförmigen Umriß und füllt sehr gut den Raum zwischen der ersten normalen Fieder und der Wedelachse aus. Die Aderung entspricht der der übrigen Blättchen. Das anadrome Basalblättchen zeichnet sich durch einen eiförmigen bis spitz-zungenförmigen Umriß aus und ist an der Basis in der Regel recht stark eingeschnürt, wobei jedoch die odontopteridische Aderung ohne Mitteladerbildung deutlich bleibt. Die Fiederblättchen selbst berühren sich nie und auch die Fiedern vorletzter Ordnung lassen so viel Platz neben sich, daß sie sich in der Gegend der normalen Fieder nicht berühren (Textfig. 4).

Was die Benennung Art dieser betrifft, so kann für sie nur der alte GÖPPERTsche Artname *Odontopteris lingulata* (GÖPPERT 1841) verwendet werden. Nach den Abbildungen und auch der Beschreibung bei GÖPPERT könnte man zunächst noch im Zweifel sein, ob man es mit derselben Art zu tun hat. Uns haben aber die Originale vorgelegen, die von demselben Fundort sind wie ein Teil der übrigen unserer Bearbeitung zugrunde liegenden Stücke. Um die verschiedenartige Ausbildung der Art zu verdeutlichen, werden die charakteristischsten Stücke, z. B. auch ein Original von GÖPPERT, abgebildet. Diese Art, die eigentlich bisher nur aus dem Saarraum eindeutig abgebildet worden ist, kommt außerdem in sehr schönen Exemplaren in Thüringen (z. B. Oberhof, Friedrichroda und Manebach) sowie im böhmischen Raum (z. B. Ottendorf und Braunau) vor. Im Zentralplateau (z. B. Lodéve) scheint sie dagegen seltener zu sein bzw. man hat auf ihr Vorkommen noch nicht genügend geachtet. Für die Festlegung des Typus dieser Art ist das bei GÖPPERT 1844, Taf. 8, Fig. 12 und 13 abgebildete Material maßgebend. Als Ergänzung ist das zum Teil vom gleichen Fundort stammende Material auf Taf. 2, Abb. 3, 4 und Taf. 4, Abb. 1—3 dieser Arbeit anzusehen.

Die von H. POTONIÉ vorgenommene Einbeziehung der *Odontopteris sternbergi* STEININGER (1840) in *Odontopteris lingulata* GÖPPERT lehnen wir zunächst ab, da diese Art nur in einem

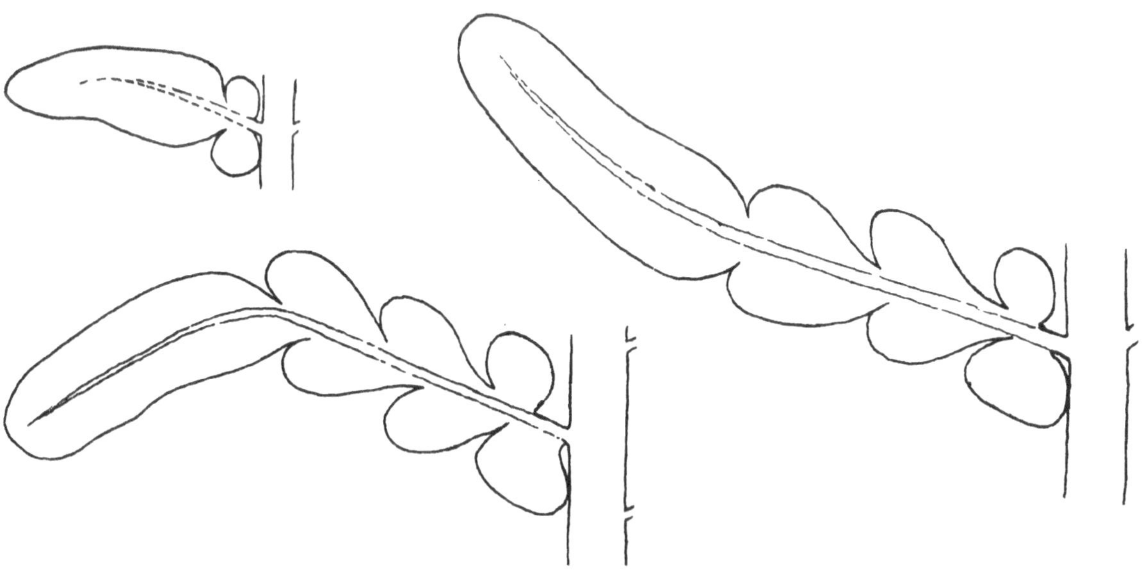

Figur 4. Halbschematische Umrißzeichnungen von Fiedern vorletzter Ordnung von *Odontopteris lingulata* GÖPPERT. Nat. Gr.

Exemplar, welches uns ebenfalls vorgelegen hat, bekannt ist. Diese Art ist, zumindest bis zum Beweise des Gegenteils durch neue und bessere Funde, getrennt zu führen, da sie neben der abweichenden Fiederform auch Zwischenfiedern an den Achsen letzter Ordnung besitzt.

ZITIERTE LITERATUR

DOUBINGER, J., Contribution à l'étude des flores autuno-stéphaniennes. 1956, S. 119.

DOUBINGER, J. & P. VETTER, Sur quelques Odontopteridées du Stéphanien. VIII. Congr. intern. Botanique, Nr. 5 (1954), 1957, S. 144.

GERMAR, E. F., Die Versteinerungen des Steinkohlengebirges von Wettin und Löbejün im Saalkreise. 1844, S. 11, Taf. V.

GÖPPERT, H. R., Die Gattungen der fossilen Pflanzen. 1841, Lief. 5, 6. Taf. VIII u. IX, Fig. 12 u. 13.

GUTBIER, A. v., Die Versteinerungen des Rothliegenden in Sachsen. 1849, S. 14, Taf. 8, Fig. 9—11.

POTONIÉ, H., Abbildungen und Beschreibungen fossiler Pflanzenreste. Lief. II, 26, Berlin 1904.

ROST, W., De filicum ectypis obviis in lithanthracum vettinensium lobeiunensiumque fodinis. 1839, S. 22.

SAUVEUR, J. J. D., Végétaux fossiles des terrains houillers de la Belgique. 1848, Taf. XXXV.

VETTER, P., Die Stratigraphie und Paläobotanik des Kohlenbeckens von Decazeville. Z. Deutsch. Geol. Ges., Jg. 1955, 107, Hannover 1956, S. 15–22, Taf. 1, Fig. 2.

WEISS, CH. E., Fossile Flora der jüngsten Steinkohlenformation und des Rothliegenden im Saar-Rhein-Gebiet. 1869–1872, Taf. II, Fig. 1–2, Taf. III, Fig. 1–4.

ZEILLER, R., Bassin houiller et permien d'Autun et d'Epinac. II, Flore fossile, Gît. Min. France, 1890, S. 126, Taf. X, Fig. 3–5.

ZEILLER, R., Bassin houiller et permien de Blanzy et du Creusot. II, Flore fossile, Gît. Min. France, 1906, S. 92, Taf. XXV, Fig. 1.

TAFELERKLÄRUNGEN

Tafel 2

Abb. 1–5. *Odontopteris subcrenulata* ROST var. *subcrenulata*

Abb. 1. Ausschnitt aus einem Wedelstück mit den normalen gefiederten Blättchen, die in der mittleren Partie der großen Wedel angesessen haben. Löbejün, Martinschacht. Nat. Gr.

Abb. 2. Ausschnitt aus dem Original (oder dessen Gegendruck) zu GERMAR 1841, Taf. 5, Fig. 4. Man beachte die nur im oberen Teil gekerbten bzw. ungekerbten und dann neuropteridisch aussehenden Blättchen. Wettin-Löbejün. Nat. Gr. Sammlung des Geologisch-Paläontologischen Institutes der Universität Halle.

Abb. 3. Große Fieder, anscheinend aus der unteren Wedelregion. Man beachte die Form und die Größe der Einzelblättchen, die sich seitlich etwas decken. Schacht Löbejün. Nat. Gr.

Abb. 4. Ausschnitt aus Abb. 1. Umriß und Aderung der Einzelblättchen ist zu erkennen. 4 : 1.

Abb. 5. Ausschnitt aus dem Original (oder dessen Gegendruck) zu GERMAR 1841, Taf. 5, Fig. 2. Man sieht deutlich die Auflösung in Einzelblättchen unter Beibehaltung eines größeren Endlappens, der durch eine weitere Kerbung das nächste Aufteilungsstadium erkennen läßt. Die Aderung stimmt mit der von Abb. 4 überein. 2:1. Sammlung des Geologisch-Paläontologischen Institutes der Universität Halle.

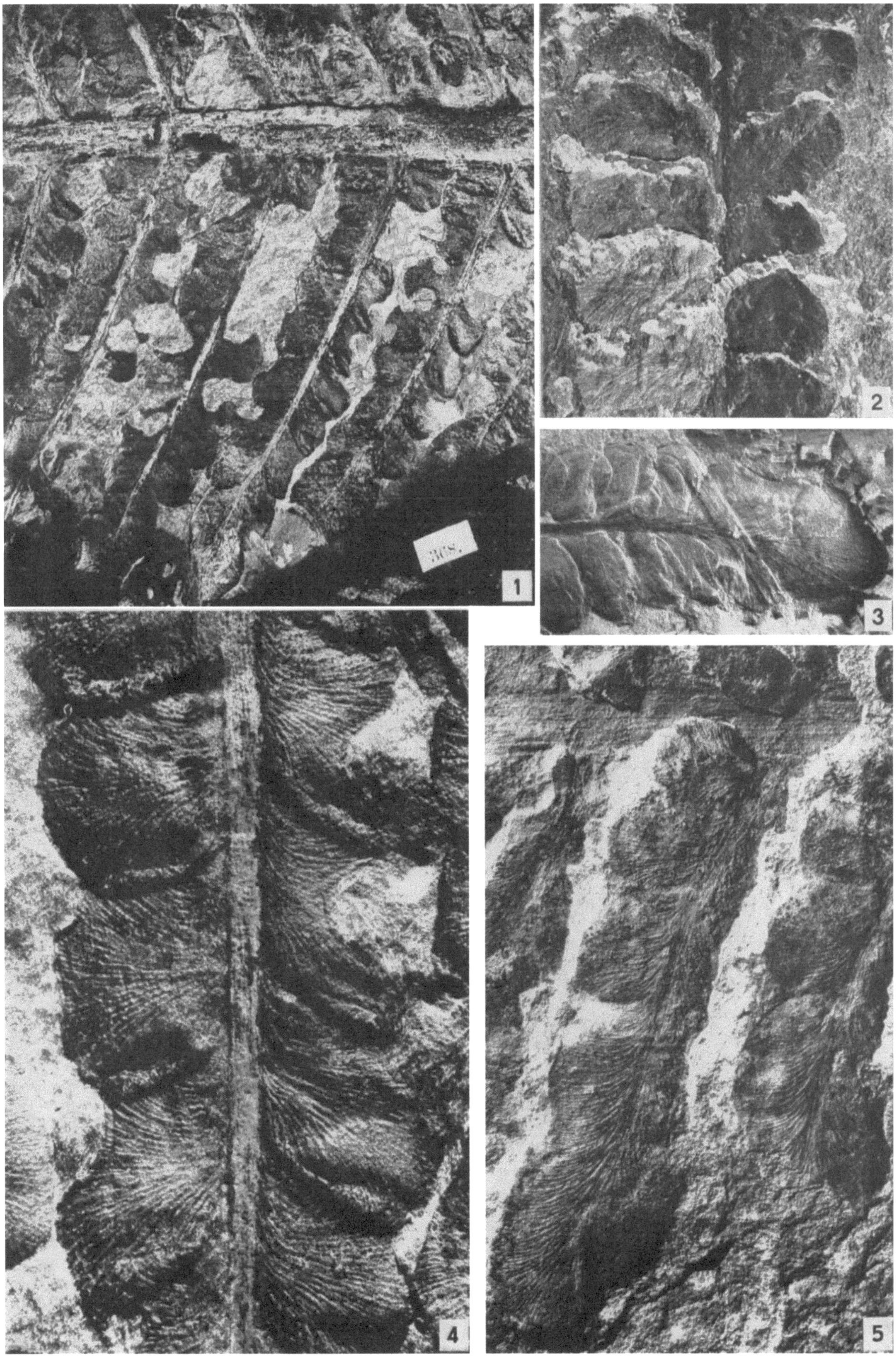
1
2
3
4
5

Tafel 3

Abb. 1. *Odontopteris subcrenulata* ROST. var. *subcrenulata* Wahrscheinlich Spitze eines Wedelseitenteiles. Man erkennt die Auffiederung und rechts unten im Bild die sich seitlich überlappenden Einzelblättchen. Schacht Löbejün. Nat. Gr.

Abb. 2. *Odontopteris subcrenulata* var. *gallica* n. var. Typusstück für die Aufstellung dieser Varietät. Es handelt sich um ein Stück aus einer mittleren Wedelpartie, bei dem die Auflappung in Einzelblättchen unter Beibehaltung eines recht großen, rundlich zugespitzten Endlappens zu erkennen ist. Decazeville, Tagebau Lasalle. Nat. Gr. Sammlung der Steinkohlengruben von Decazeville.

Abb. 3 und 4. *Odontopteris lingulata* GÖPPERT.

Abb. 3. Ausschnitt aus Tafel 4, Abb. 1, dem Gegendruck zum Original zu WEISS 1869/72, Taf. 3, Abb. 4, gleichzeitig Original (oder dessen Gegendruck) zu H. POTONIÉ 1904, Lief. II, 26, Fig. 1 und Original zu GOTHAN in GÜRICH 1923, T. 15, Fig. 1. Man sieht deutlich den Aderverlauf und die stets nach vorn geneigte Umrißform der Einzelblättchen. Berschweiler/Saar. 3 : 1.

Abb. 4. Stück von einer Wedelachse dicht unter einer Gabelungspartie mit cyclopteridischen Blättchen. Lebach. Nat. Gr.

1

3

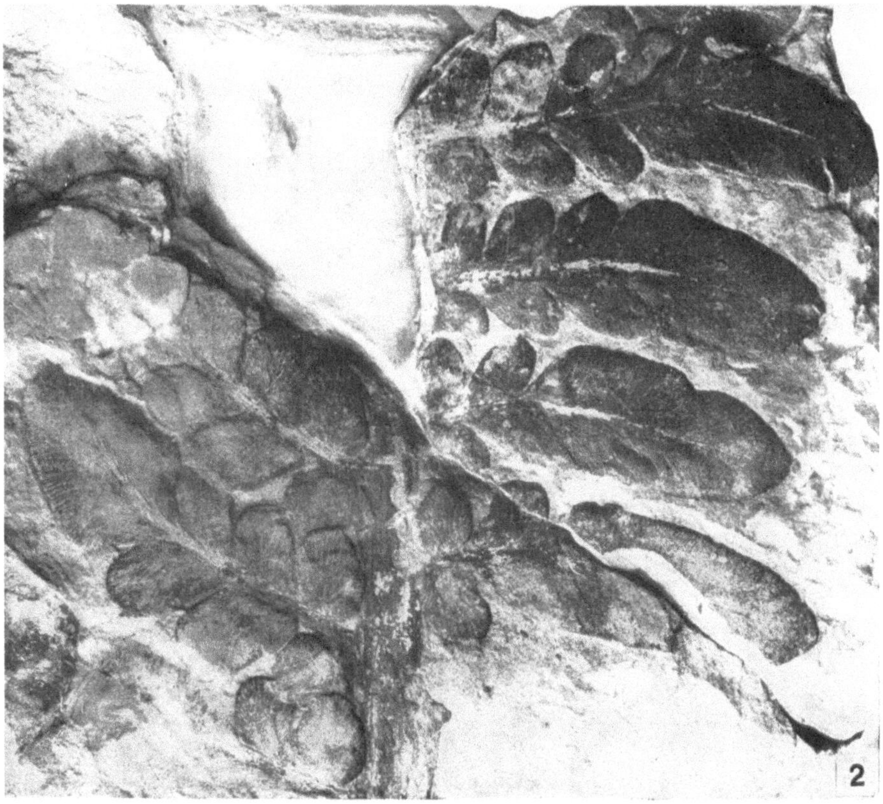
2

4

Tafel 4

Abb. 1 und 2. *Odontopteris subcrenulata* var. *elongata* DOUB. & VETTER.

Abb. 1. Typusstück für die Aufstellung dieser Varietät. Man beachte die etwas locker stehenden und im allgemeinen in der Längsrichtung gestreckten Blättchen. Decazeville. Nat. Gr. Sammlung der Steinkohlengruben von Decazeville.

Abb. 2. Ausschnitt aus einem großen Wedelstück, La Grand'Combe, Gard-Becken. 2 : 1. Sammlung der École des Mines, Paris.

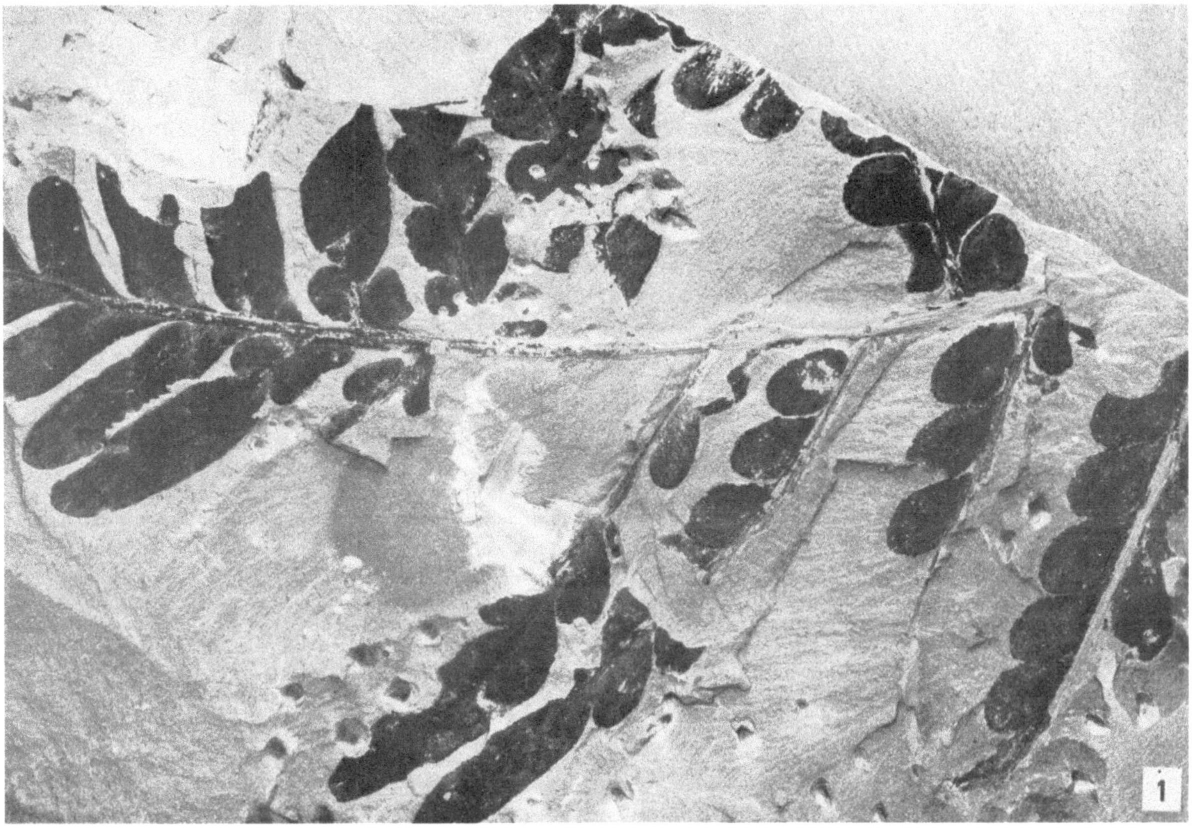
1

2

Tafel 5

Abb. 1—3. *Odontopteris lingulata* GÖPPERT.

Abb. 1. Gegendruck zum Original zu WEISS 1869/72, Taf. 3, Abb. 4. Gleichzeitig Original zu H. POTONIÉ 1904, Lief. II, 26, Fig. 1 und Original zu GOTHAN in GÜRICH 1923, Taf. 15, Fig. 1. Man sieht deutlich den etwas trapezförmigen Umriß der Einzelblättchen, ihre lockere Stellung, den relativ langen und schmalen Endlappen sowie die sehr abweichend gestalteten Blättchen an der Basis der Fieder vorletzter Ordnung. Berschweiler/Saar. Nat. Gr.

Abb. 2. Stück mit Gabelung und verschiedenen Auffiederungsstadien der Blättchen. Im Gabelungswinkel sind die neuropteridischen Blättchen besonders zu beachten. Lebach. Nat. Gr.

Abb. 3. Ausschnitt aus dem Original zu GÖPPERT 1841, Taf. 8 und 9, Fig. 13. Ganz an der Basis ein neuropteridisches Blättchen, weiter oben die normalen Blättchen mit nur einem abgeschnürten Basalblättchen und dem typischen länglichen Endlappen. Bei Saarbrücken. Nat. Gr.

Die Originale zu den Tafeln 2, Abb. 1, 3 und 4; Taf. 3, Abb. 1, 3 und 4; Taf. 5, Abb. 1—3 befinden sich in der Sammlung der Arbeitsstelle für Paläobotanik und Kohlenkunde der Deutschen Akademie der Wissenschaften zu Berlin.

Die Originale zu den Tafeln 2, Abb. 2 und 5 befinden sich in der Sammlung des Geologisch-Paläontologischen Institutes der Martin-Luther-Universität in Halle.

Die Originale zu den Tafeln 3, Abb. 2; Taf. 4, Abb. 1 befinden sich in der Sammlung der Steinkohlengruben von Decazeville.

Das Original zu Tafel 4, Abb. 2 befindet sich in der Sammlung der École des Mines in Paris.

Alle Fotos außer Taf. 2, Abb. 2; Taf. 3, Abb. 1 und 2 wurden von Herrn K. H. Haupt angefertigt.

FSC
www.fsc.org
MIX
Papier | Fördert gute Waldnutzung
FSC® C083411

Kolibri 360 GmbH
Ferdinand-Jühlke-Straße 7
99095 Erfurt, Deutschland
produktsicherheit@kolibri360.de